科学能救命

遭遇海洋风暴

[英]费利西娅·劳 [英]格里·贝利 著 [英]莱顿·诺伊斯 绘 苏京春 译

中信出版集团 | 北京

图书在版编目（CIP）数据

遭遇海洋风暴 /（英）费利西娅·劳,（英）格里·贝利著;（英）莱顿·诺伊斯绘;苏京春译. -- 北京:中信出版社, 2022.4
（科学能救命）
书名原文: Swept away by the Storm
ISBN 978-7-5217-4132-2

Ⅰ.①遭… Ⅱ.①费… ②格… ③莱… ④苏… Ⅲ.①海洋—少儿读物 Ⅳ.① P7-49

中国版本图书馆CIP数据核字（2022）第044635号

遭遇海洋风暴
（科学能救命）

著　　者:［英］费利西娅·劳　［英］格里·贝利
绘　　者:［英］莱顿·诺伊斯
译　　者:苏京春
审　　订:魏博雯
出版发行:中信出版集团股份有限公司
（北京市朝阳区惠新东街甲 4 号富盛大厦 2 座　邮编　100029）
承 印 者:北京联兴盛业印刷股份有限公司

开　　本:889mm × 1194mm　1/20　　印　　张:1.6　　字　　数:34 千字
版　　次:2022 年 4 月第 1 版　　印　　次:2022 年 4 月第 1 次印刷
京权图字:01-2022-0637　　审 图 号:01-2022-1390
书　　号:ISBN 978-7-5217-4132-2　　此书中地图系原文插图
定　　价:158.00 元（全 10 册）

出　　品:中信儿童书店
图书策划:红披风
策划编辑:黄夷白
责任编辑:李银慧
营销编辑:张旖旎　易晓倩　李鑫橦
装帧设计:李晓红

目录

乔的故事

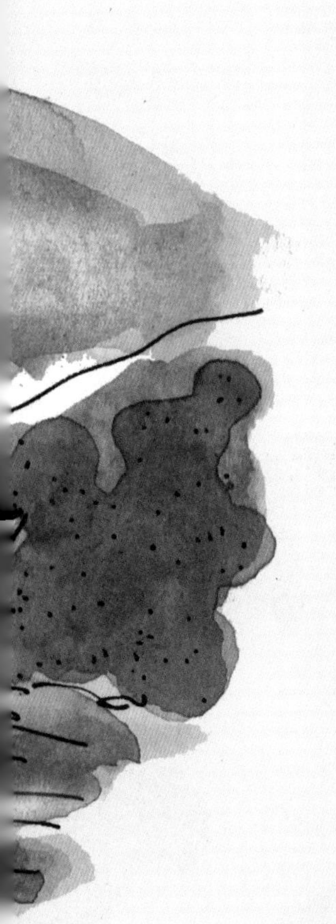

你们好！我叫乔。

我准备为你们讲一个故事。

那是一场真正的探险！

我被困在海面的一艘小船上。本来我离海岸并不远，应该没事的，但一场风暴突然来临，把我卷进了一股湍急的水流中，冲进了大海。

在我所知道的科学知识的帮助下，我成功地生存了下来。

但这故事说来话长。

都过来吧，让我来告诉你们这一切到底是怎么发生的。

那天早上，我乘坐着一艘小船出发了。我原本并不打算远离海岸，所以也没有带太多设备。天气晴朗，海面平静。我原本并不想在外面待太久的。

一切看起来都非常好。

海洋是什么

海洋是地球上最广阔的水体的总称。海洋几乎覆盖了地球表面的四分之三。世界上的五大洋是大西洋、太平洋、北冰洋、印度洋和南大洋。它们之间是连接在一起的，它们的海水也能够相互流入和流出。

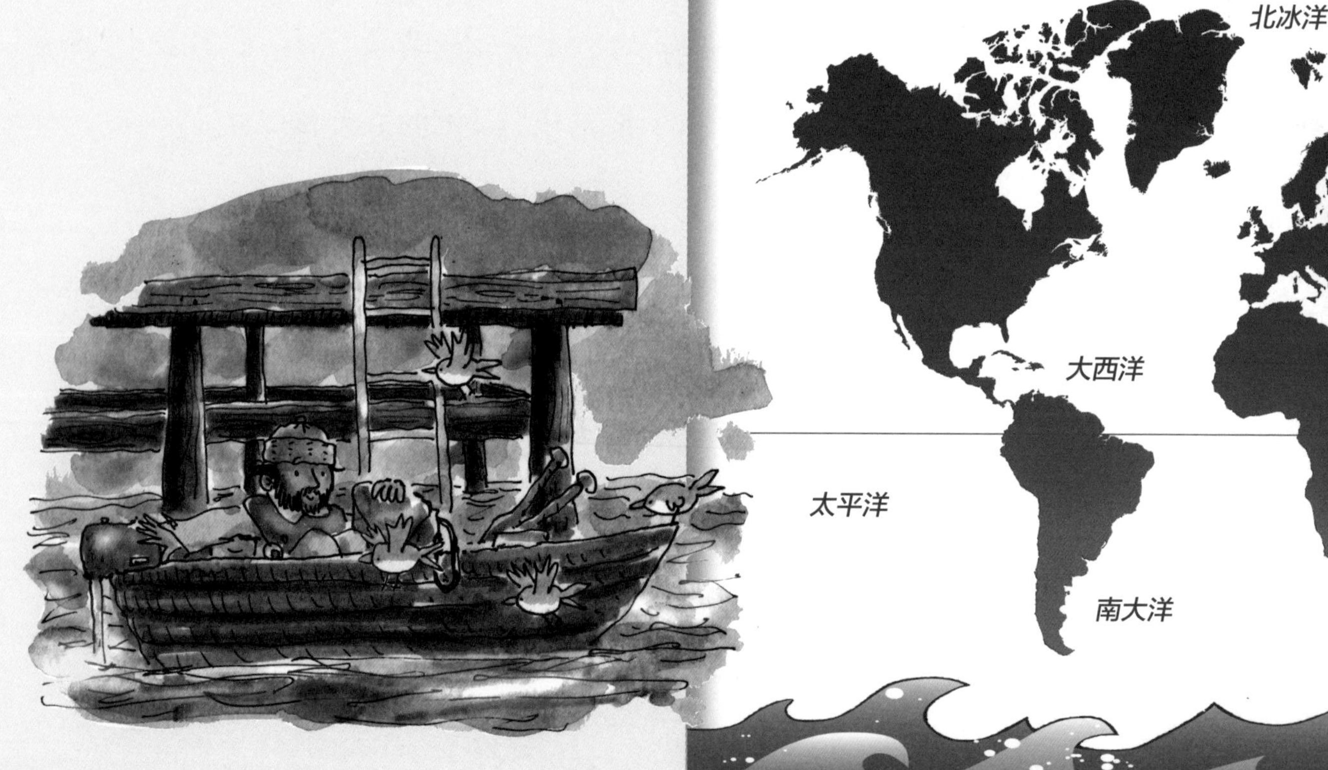

海流与风力

风暴能够搅动海洋，让海洋产生很大的海浪，这些海浪能在海洋的表面形成很多泡泡，这些泡泡在海面升腾飞舞。风暴的发生是因为大气总是在流动。空气遇热就会变轻，然后开始上升。而遇冷的空气已经变重，并且开始下降。这种持续的大气运动就会产生风。

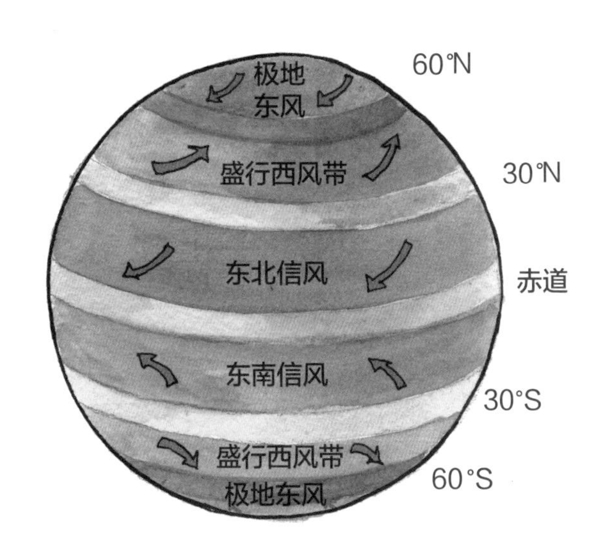

每一年的同一个时期，地球上的风所吹的方向也都是相似的。例如，信风每年不断地从赤道周围和热带地区吹向其他地区。盛行风是一个地区最常刮的风，它是可以影响洋流的。

当风吹到海面上时，海面便会产生浪。风也可以产生洋流。洋流是围绕着海洋流动的寒流和暖流。暖流从赤道离开流向别的地方，而寒流则从别的地方流向赤道。

我对海洋动物的行为方式特别感兴趣，想观察一些靠近海岸的动物。

当风暴来临时，这些鸟还会这样飞吗？这是我很想知道的一个问题。

海洋动物

一些海洋生物在风暴中会有特殊的行为表现。

强烈的风暴会破坏鲸类使用声呐系统的能力，而声呐系统是鲸类用来记录回声的一种方式。当鲸发出声音时，它们就是在向周围的区域发送声波了。声波从物体上反弹回来，有一些又回到了鲸的身上。这使得鲸能够定位物体，并感知物体的形状和运动状态。

座头鲸从海洋中跃起呼吸空气

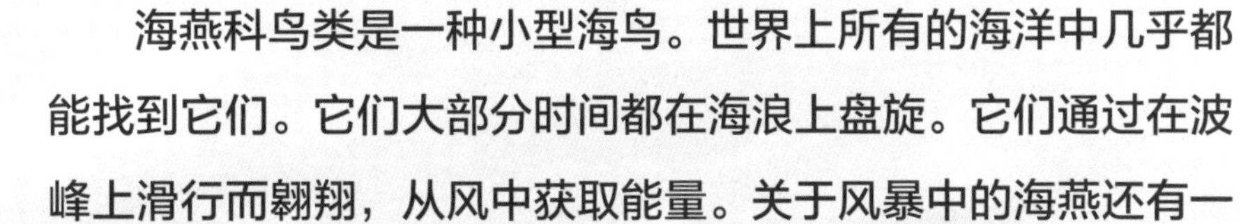

海燕科鸟类是一种小型海鸟。世界上所有的海洋中几乎都能找到它们。它们大部分时间都在海浪上盘旋。它们通过在波峰上滑行而翱翔，从风中获取能量。关于风暴中的海燕还有一个古老的传说，相传它们都是船长的灵魂，那些虐待船员的船长必须永不停歇地飞越大海，以此来作为虐待船员的惩罚。

一头鲸跃入海洋之中

海燕

气 压

现在，你知道为什么暴风雨来临的时候我在船上了吧？通常在浅水区游泳的小鲨鱼，在感受到风暴即将来临时，会游到深水区。气压哪怕发生了一点点很小的变化，它们都能感觉出来。

鲨鱼的耳朵和人的耳朵很相似。当我们乘坐飞机时，耳膜会鼓起来，使耳朵内部的压力与外部的压力保持平衡。鲨鱼的耳朵也会做同样的事情。因为有一条神经从内耳延伸到大脑，传递着有关气压变化的信息。

气压是压在地球表面单位面积上的空气的重量。气压低也会导致海洋中的压强降低。低压经常会带来暴风雨。因此，科学家都相信，鲨鱼的行为可以提前预警风暴的来临。

巨浪不知从何而来。一场风暴已经在遥远的海面上开始了，鲨鱼其实早就已经清楚地感受到了这一点。所以，它们对风暴并没有感到任何意外，但我却非常地意外！

这张卫星云图清楚地显示了飓风之眼

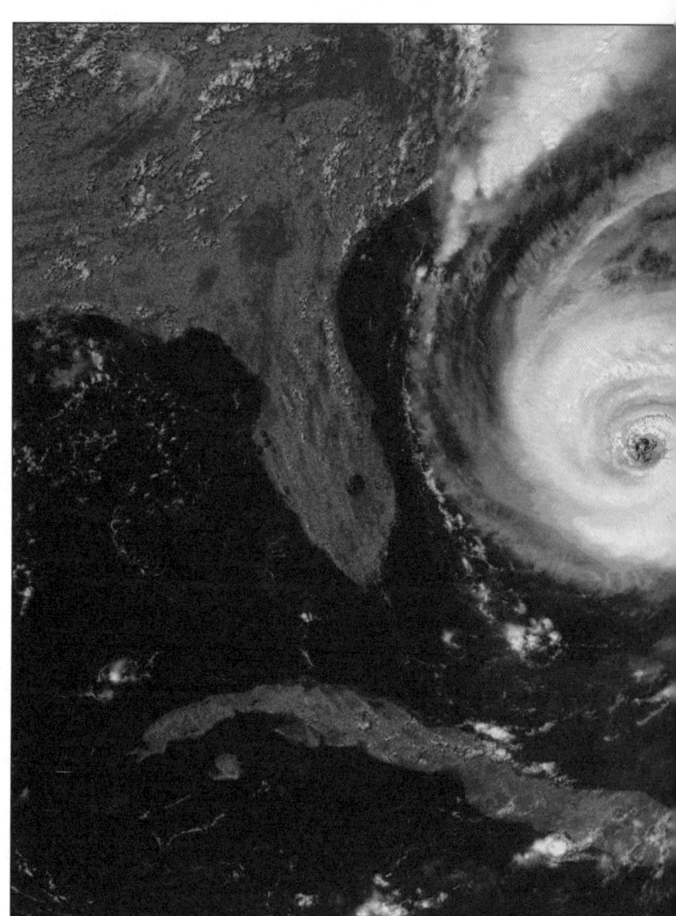

风暴中大树可以被连根拔起

飓风是从哪里来的

飓风是一种充满水蒸气的强风，在大气中旋转而行。飓风始于赤道附近，经常活动在北大西洋、加勒比海和墨西哥湾等水域。在海面上，太阳的热量使温暖潮湿的空气在海面上升腾，上升的空气造成了一个环状的低气压地带，被称为“风眼”，之后风便会围绕风眼旋转，之后在风眼附近最猛烈的雨和最强劲的风就会形成。

一开始，风眼可能会有几百千米那么宽，所以风在起初还不是很强。但是，随着风眼开始收窄，风会开始加速旋转上升。风速最快可以达到每小时 300 千米。

海岸受到风浪的冲击

当飓风旋转时，它会吸收大量的水蒸气。随着风的上升和冷却，这些蒸汽凝结，从气体变成液体，从而形成暴雨。

风暴就只有一阵，很快便过去了。我看到了，原来它是由一股海龙卷引起的，那个海龙卷正在远处移动。

但是我的小船已经被刮到了大海的深处。我离海岸已经非常远，一时半会儿是回不去了。

现在，大海上已经波涛汹涌。

海龙卷

海龙卷是在海面上形成的漏斗状的空心气流柱。整个海龙卷与上方的雷雨云层相接。整个海龙卷中的水都是微小的小液滴，这些小液滴的形成是海龙卷中的水蒸气遇冷凝结后而成的。

大多数海龙卷的移动是相当缓慢的，而且一般只持续 20 分钟左右。但是一场严重的雷暴之后也可能会产生十分强劲的海龙卷。这种海龙卷被时速超过 300 千米的强风吹动，从而移动得非常快，并且还可以移动几千米的距离。

幸运的是，我可以用船上的设备做一些科学研究。海浪传感器能够测量波浪在海面上拍打时的大小和运动情况。

这对于预测波浪的变化十分有意义。就像动物预测天气一样，通过研究这些可以预测何时会有猛烈的风暴来袭。

即将破碎的波浪

海浪一浪接一浪地冲到岸上

海浪破碎时，水滴在翻滚

波浪是怎样产生的

大多数海浪都是由风产生的。风越大，朝一个方向吹的时间越长，那么产生的海浪也就越大。

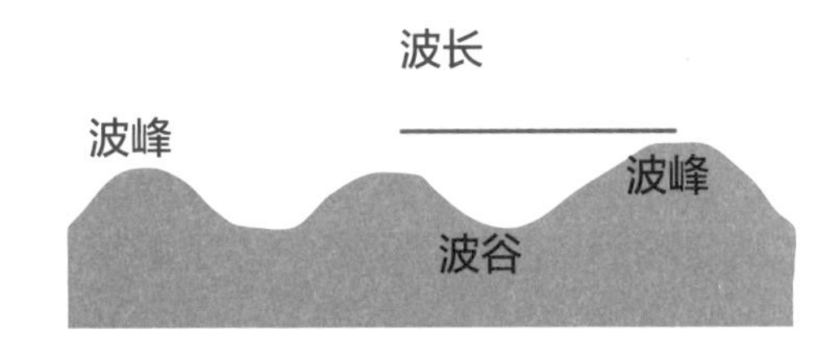

两个相邻波峰之间的距离称为波长

当风经过海面时，风会拉扯水滴，使它们移动。靠近表面的水滴以圆周运动翻转，在旋转时就会在水下形成一个个的圆形动态区域，从水面上看就是海浪了。而在水面之下的水滴的圆圈状的移动轨迹，会由于风浪力量的减小而越来越小，最终在较深的地方，这种移动就不复存在了。

靠近海滩时，旋转速度减慢。圆圈的顶部倾斜，波浪破碎。

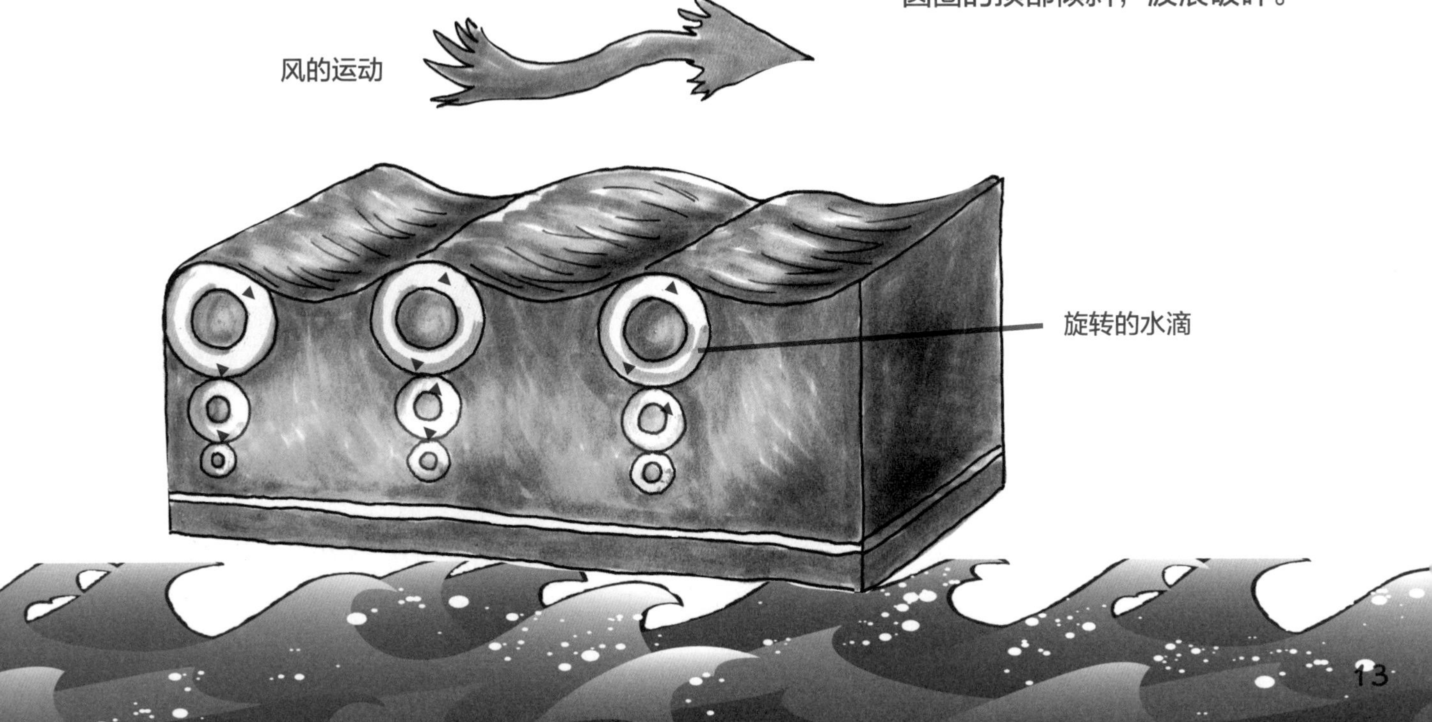

咸咸的海水

如果你吞过海水，你就会知道它尝起来很咸。这是因为全世界的海水之中都含有氯化钠，也就是我们所知道的盐。它来自陆地上的岩石和土壤中。数百万年来，盐被河流持续地冲入海洋之中。

但并非所有的海洋都具有相同的盐度。有些就会比另一些更咸。下面这张卫星图片以红色显示盐度较高的区域，以深蓝色和紫色显示盐度较低的区域。在地表深处，海流由盐度和温度的变化驱动。所以，盐度的变化同样会引起天气的变化。

“水瓶座”卫星绘制了海洋的盐含量图

死海是以色列、巴勒斯坦和约旦交界处的一个湖。死海拥有地球上最咸的水。它比普通的海水咸九倍。

当你跳入死海之中，你能更容易地浮在水面上。

你可以不费吹灰之力就在死海中漂浮

成堆的盐沉积在死海的岸边

我的小船可能很小，但它很结实，一直漂浮在水面上。我需要回到岸边，所以我抓住桨开始用力划。

漂浮的船只

你可能想知道一艘重型钢制的船怎么能浮起来。如果你把一块钢扔进池塘，它肯定会沉到水底。

这是因为钢的密度比水大。密度大的下沉，密度是一个单位，它是描述组成一个物体的物质的厚度或稠度，以及它在某个空间中的紧密程度的一个物理量。

但组成船的物质可不仅仅是钢。因为钢被做成船的形状之后，里面是充满空气的，空气的密度比水小。船体的钢结构和内部的空气加在一起，密度就比水还要小了，所以船可以漂浮在水面上。

风暴将我吹离了航道，前面的海岸看上去怪石嶙峋、危险重重。我看到这些海岸上有一些从前的失事的船只，这种境况下，我的小船靠岸可能也会非常困难。

我忍不住用我的机器人去看看海底有什么东西。这种机器人体形很小，但是这并不影响它们搜索沉船残骸——甚至是沉没的宝藏！

沉船

强烈的风暴有时候会造成海难。以前人们用帆船横渡大洋，而我们所使用的现代船只就安全得多了。毕竟一艘帆船很可能会在风暴中驶向礁石众多的海岸线，然后在那里被撞击得粉碎。

海洋探险家使用机器人检查水下通道，寻找宝藏，探索沉船。

一千多艘沉船散落在纳米比亚的骷髅海岸，它们都是在海雾之中迷航到那里的

然而，风暴现在又开始了，我需要靠岸。我看到前面的悬崖峭壁上有一座灯塔，左边有一个小海湾。也许我可以划向那个安全的小海湾，让船安全地靠岸。

卫星从太空监测风暴活动，拍摄云层照片发送回地球

观察风暴

风暴会对陆地造成可怕的破坏，在海上也很危险。因此，监测风暴是一项重要的科学活动。

全球天气信息收集的网络中包括了来自卫星、气象气球和飞机的信息。

风向袋能准确地测量风向

风速计使用旋转的风杯来测量风速

像 WC-130J“大力士”这样的飞机正好能穿过飓风，从另一边飞出去

此外，世界各地数以千计的地面气象站每天都在提供数据并发送信息。

这些监测站装有雨量计、风速计和气压计等测量仪器。湿度计测量湿度，风速计测量风速。

机头和机翼下装有仪器的特殊飞机可以飞入风暴云层中，包括飓风。它们能够测量温度、压力和风的运动。飞机的机翼和机身都经过了特别加固，这样它们就能够应对受到的强冲击，并承受可能在其上形成的冰的重量。

但是现在海浪冲击着岩石，我的船像一个小软木塞一样被抛来抛去。我没办法再用桨划船了。

我只能等着海浪把我带到一个地方……就在海浪呼啸着要把我和船一起打翻的时候，我看到救生艇正在接近。

他们看到了我的挣扎，正在前来救我。

灯塔

灯塔通常建在海岸边。它们可以引导船只驶向港口，或者警告船只哪里有危险的礁石。

灯塔最重要的部分就是灯光。灯塔的灯光必须尽可能地明亮，在海洋中能够被人看到。水手可以根据灯塔灯光传递的信号来判断他们看到的是哪个灯塔。

灯塔的指示灯可以通过闪烁的频率以及每次闪烁之间的间隔时间来传递相应的信号。所有船只都有一份灯塔信号清单，这样他们就可以正确地识别灯塔所传递出的信息。

救生艇可以在风暴中出海，去帮助那些遇到困境的船只

救生艇上的船员把我的船拖到岸上，并帮助我爬了出来。

我现在安全了，我的设备也安全了。

这是一次探险，但我搜集到了有关于鲨鱼行为的有用信息。我还使用了海浪传感器和寻宝机器人！

为什么乔会在海洋里呢

乔是一位研究人类行为对地球造成了哪些影响的科学家。随着许多国家的人口不断增长，人类将需要更多的土地、粮食、燃料和电力。

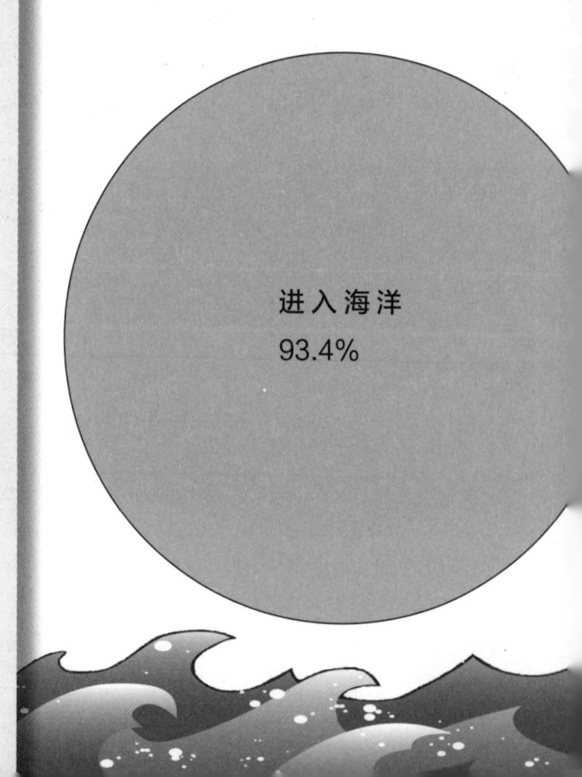

海洋变暖

科学家相信地球上的海洋正在升温。

这是因为大气中会吸收热量的那些气体为全球气候变化增加了额外的热量。这就是全球变暖。

海洋正在吸收大部分多余的热量。令人震惊的是，在过去 50 年中，大气产生的额外热量实际上有 93.4% 都流入了海洋。然而，虽然大部分热量都聚集在海洋的上层，但科学家已经观测到海洋深处也开始变暖了。

让地球变暖的热量都去了哪里

进入大气层
2.3%

进入土壤
2.2%

进入北极地区
2.1%

海洋那么大，温度升高一点点似乎不那么重要？可事实并非如此，这会造成巨大的问题。科学家最近观察到的海平面上升，很大程度上就是源于海洋温度上升。海洋的变化还直接影响着天气。海平面上升会带来更多风暴和飓风，造成可怕的洪水和破坏。

词汇表

风速计

风速计是测量风速的仪器。风使附在杆子上的风杯转动。

大气

大气是指地球周围聚集的一层很厚的大气分子，称之为大气圈。

灯塔信号

灯塔信号的特点是它的光照的特殊方式和闪光的次数。

密度

密度是对特定体积的质量的度量，密度等于物体的质量除以体积。

全球变暖

科学家认为，全球变暖是由于温室气体对臭氧层的破坏而导致的。

飓风

飓风是一种强风。它以一种圆形的方式围绕着它的中心旋转，其中心称为风眼。

灯塔

灯塔是一种固定的建筑物或其他类型的结构，可以引导船只远离危险的海岸线。

盛行风

一个地区的盛行风是那里最常刮的风。

氯化钠

盐是化学物质氯化钠的通俗名称。它是一种白色晶体。

声呐

声呐是一种利用回声或反射声波探测水下物体或测量海底深度的系统。发声体发出声音脉冲，当它们撞击固体物体时会反弹回来。

信风

信风是从东方吹向赤道的稳定风。信风是海上最强的风。

海龙卷

海龙卷是从海面升起的旋转水柱。

波长

波长是从一个波峰到下一个波峰的距离。

气象站

气象站是用来监测一个地区的各种天气的。它们拥有测量降水、风速和温度的设备。

《每个生命都重要：身边的野生动物》

走遍全球 14 座大都市，了解近在身边的 100 余种野生动物。

《世界上各种各样的房子》

一本书让孩子了解世界建筑史！纵跨 6 000 年，横涉 40 国，介绍各地地理环境、建筑审美、房屋构建知识，培养设计思维。

《怎样建一座大楼》

20 张详细步骤图，让孩子了解我们身边的建筑学知识。

《像大科学家一样做实验》（漫画版）

超人气科学漫画书。40 位大科学家的故事，71 个随手就能做的有趣实验，物理学、数学、天文学等门类，锻炼孩子动手、动眼和思考的能力。

《人类的速度》

5 大发展领域，30 余位伟大探索者，从赛场开始了解人类发展进步史，把奥运拼搏精神延伸到生活之中。

《我们的未来》

从小了解未来的孩子更有远见！26 大未来世界酷炫场景， 带孩子体验 20 年后的智能生活。